CHEMINS ÉOLIQUES

OU

LOCOMOTION PAR L'AIR COMPRIMÉ

PAR

M. ANDRAUD.

1847

PARIS
CHEZ GUILLAUMIN ET Cie, LIBRAIRES-ÉDITEURS,
rue Richelieu, 14.

CHEMINS ÉOLIQUES

OU

LOCOMOTION PAR L'AIR COMPRIMÉ

PAR

M. ANDRAUD.

1847.

PARIS
CHEZ GUILLAUMIN ET Cie, LIBRAIRES-ÉDITEURS,
rue Richelieu, 14.

J'avais l'intention de ne rien publier sur le système de locomotion qui va être exposé, avant les expériences qui doivent avoir lieu sur une ligne concédée à cet effet; mais l'imitation qui s'est déjà faite de ce système en Angleterre, me détermine à écrire ce premier mémoire, afin que le public ne se méprenne pas sur l'origine d'une invention qui pourrait revenir inconnue dans sa patrie et y être accueillie comme étrangère.

A.

CHEMINS ÉOLIQUES

OU

LOCOMOTION PAR L'AIR COMPRIMÉ

Considérations générales.

Pour opérer la traction sur les Chemins de fer, est-il nécessaire de chercher autre chose que ce qui existe? la locomotive à feu n'est-elle pas le point auquel il faut s'arrêter? ne suffirait-il pas de s'attacher à perfectionner cette merveilleuse machine, sans se jeter dans de nouvelles tentatives? Il y a déjà bien des années que je me suis prononcé à cet égard; non que je sois le détracteur des locomotives à feu : nul ne professe une plus vive admiration que moi pour ces masses presque intelligentes qui accomplissent le travail le plus prodigieux qu'il ait jamais été donné à l'homme de produire; mais aussi nul n'est plus convaincu que ce n'est pas là le dernier mot de l'industrie des routes de fer, et qu'il y a autre chose à chercher.

Je ne veux pas parler des dangers que comportent nécessairement les locomotives à vapeur : les explosions, les incendies, les déraillements, les rencontres meurtrières; tous ces accidents inhérents à ce système de traction aventureuse peuvent jusqu'à un certain point se prévenir, ou du moins s'atténuer par de sages et sévères mesures de police. Mon but, dans l'exposé qui va suivre, est de n'envisager la question que sous le point de vue purement économique et pratique.

Trois raisons principales me semblent devoir s'opposer à ce que les remorqueurs à feu fassent *toujours* et *partout* un bon et durable service sur les lignes de fer.

D'abord la constitution organique de ces appareils ne leur permettant d'agir qu'au moyen de l'adhérence des roues sur les rails, ils ne peuvent fonctionner utilement que sur les lignes presque de niveau; de là des remuements énormes de terrains; des constructions ruineuses de tunnels et de viaducs, lesquels portent toujours en eux, pour un avenir plus ou moins éloigné, la menace de quelques grandes catastrophes. Ainsi, sous ce point de vue, voilà tous les pays montueux et fortement accidentés, deshérités des bienfaits de la locomotion rapide, si l'on s'en tient à l'emploi des remorqueurs à feu.

En second lieu, cette nécessité de ne pouvoir marcher que par l'adhérence des roues motrices sur les lignes de fer, oblige de donner à ces remorqueurs, pour produire un travail convenable, des pesanteurs exagérées; c'est là évidemment un *poids inutile* à transporter. Il est vrai que sur les grandes lignes, où le trafic est considérable, cet inconvénient d'un poids inutile disparaît dans l'importance du poids utile; mais sur toutes les petites lignes où il y a peu de voyageurs et peu de marchandises, la disproportion devient intolérable. Vous aurez des routes royales à vapeur; mais point de routes départementales ni de grandes communications. Ainsi, sous cet autre point de vue, voilà toutes les localités desservies par des chemins secondaires, embranchements ou lignes de jonction, condamnées à n'user qu'à titre onéreux de la locomotive à feu.

Enfin, et c'est là le point capital sur lequel j'appelle de nouveau l'attention, non des gens de négoce qui vivent au jour le jour, mais des hommes qui, par sentiment ou par devoir, se préoccupent des affaires de l'avenir; je le demande : ces immenses réseaux de chemins de fer dont vous allez couvrir le continent, qui les alimentera?

la houille. Mais en aurez-vous assez? Songez donc qu'il vous en faut pour les innombrables navires à vapeur qui sillonnent les fleuves et les mers; songez qu'il vous en faut pour toutes vos villes qui s'éclairent au gaz; songez qu'elle vous est indispensable pour vos travaux métallurgiques; songez enfin qu'elle ne se reproduit pas dans le sein de la terre. Il me semble plus clair que le jour, qu'avant qu'il soit trente ans, si l'on n'y pourvoit, les vastes réseaux des chemins à vapeur que vous créez, mourront d'inanition : il y aura de toute nécessité renchérissement successif du combustible; puis disette, et finalement pénurie complète. Il y a sept ans à peine, que j'ai jeté dans le public cette prévision, et déjà elle se vérifie : la Belgique elle-même, une des contrées les plus riches en houille, commence à ressentir sur ce point un commencement de gêne et d'appauvrissement.

Ainsi, en résumé, la locomotive actuelle, machine admirable sur les grandes lignes de niveau, ruineuse sur les petites, impraticable dans les pays montueux, et dangereuse partout, finira elle-même par devenir impossible faute d'aliment.

Il y a donc utilité et même nécessité à chercher, dès à présent, autre chose que ce qui existe pour assurer le service futur des chemins de fer.

C'est sous l'influence de cette pensée, que depuis bien des années je me suis entièrement consacré à la recherche des moyens propres à remplacer la locomotion actuelle, chère et mal assurée, par une locomotion certaine, économique, et que l'on pourra se procurer toujours et partout; j'ai dit que le ressort de l'air *comprimé* et *emmagasiné* pouvait suffire à tout; il m'a semblé que l'intention manifeste de la Providence était que l'homme trouvât un jour toutes les puissances mécaniques nécessaires à ses besoins, dans les immenses et intarissables réservoirs de l'air où il puise la vie, et non dans le déchirement avide des entrailles de la terre, travail impie, contre lequel la nature proteste chaque jour par quelque horrible catastrophe. Non seulement j'ai posé en théorie ce principe de la force naturelle mise ainsi en réserve, mais je me suis hardiment lancé dans la pratique ; après avoir démontré par une longue série d'expériences préparatoires (1) que le ressort du fluide aérien pouvait en effet s'employer comme force motrice à toute espèce de travail, je me suis entièrement consacré à son application sur les Chemins de fer.

Dans le cours de ce rude travail, entrepris et continué au prix de mille sacrifices, les ennuis, les embarras, ne m'ont pas été épargnés ; je m'y attendais, c'est le lot inévitable de tous ceux qui tentent des innovations ; mais j'ai rencontré aussi sur ma route d'honorables et puissantes sympathies ; j'ai trouvé dans le gouvernement des secours sans lesquels il m'aurait été impossible de poursuivre, et je suis heureux de pouvoir ici en témoigner ma vive reconnaissance aux deux derniers ministres des travaux publics, et surtout à M. Legrand, sous-secrétaire d'État ; je dois aussi des remerciements à MM. Combes, Baude et Bineau, commissaires chargés par le gouvernement de suivre mes travaux : grâce à la bienveillance de ces hommes éclairés, j'ai pu déjà, dans le courant de l'année 1844, faire fonctionner sur un chemin de fer ordinaire une *locomotive à air comprimé ;* tous les journaux du temps ont rendu compte du succès de cette première tentative (2). Ce ne fut pourtant pas là pour moi une solution complète du problème : je faisais bien disparaître le feu et ses dangers ; mais, en tant que locomotive, mon appareil ne pouvait fonctionner, comme les remorqueurs à feu, que sur de faibles pentes et dans des courbes à grands rayons ; je n'évitais donc pas autant que je l'aurais voulu, les déblais, les remblais et les travaux d'art, ces sources de dépenses énormes qui écrasent l'industrie actuelle des chemins de fer ; je dois dire aussi que la conservation de l'air très-fortement comprimé, comme il doit l'être pour alimenter

(1) Voir la brochure que j'ai publiée en 1841 : *De l'Air comprimé, employé comme force motrice.* Chez Guillaumin, éditeur, rue Richelieu, 14.

(2) 26 août et 21 septembre 1844.

une locomotive, présente, dans l'état actuel de notre industrie, d'assez graves difficultés; j'ai donc cherché à perfectionner mon procédé de traction en supprimant tout à fait les locomotives; arrivant ainsi à ne traîner sur les lignes de fer que le *poids utile* et dans des conditions d'économie telles, que je puis maintenant franchir des côtes de 20 à 30 millimètres par mètre, et marcher dans des courbes à petits rayons, de 80 à 100 mètres.

Le système de locomotion que je vais décrire repose, j'en ai la conviction, sur un principe incontestable, et renferme en lui toutes les possibilités de perfectionnements réserves à l'admirable industrie des Chemins de fer; s'il ne m'est pas donné de toucher au terme de ces perfectionnements, j'aurai du moins indiqué la route certaine qui doit y conduire.

DESCRIPTION DU SYSTÈME.

(Planche Ire.)

Supposez entre les deux rails d'une voie de fer un tube régnant sur toute la longueur du chemin. Ce tube, composé d'une partie solide et d'une partie flexible, est fixé par de fortes tiges en fer, de mètre en mètre, sur les traverses de la voie; la partie rigide ou solide de ce tube, est une pièce de fonte ou un madrier de bois dur metallisé, placé sur champ; à droite et à gauche de ce madrier sont fixés deux tubes de cuir ou de fortes étoffes préparées dans des dissolutions de caoutchouc ; ces tubes, ordinairement aplatis, peuvent, au moyen de valves, se développer lorsqu'on y introduit de l'air comprimé.

Cela bien compris, supposez sur la voie une série de wagons, sans locomotives, et figurez-vous en tête du premier wagon deux rouleaux verticaux tournant sur des axes parallèles, et ayant la faculté de se serrer fortement l'un contre l'autre par des pressions élastiques ; ces rouleaux, en bronze poli, pressent les flancs du tube propulseur. Les choses étant ainsi disposées, on comprend aisément que si, à l'arrière du convoi, de l'air, provenant d'un réservoir où il est comprimé, est injecté dans le tube ou dans les deux tubes jumeaux, ceux-ci se gonfleront jusqu'aux deux rouleaux qui s'opposent au passage de l'air, alors ils impriment à ces rouleaux un mouvement de rotation, et poussent tout le convoi en avant avec d'autant plus de force que le tube est plus large, ou que l'air est plus fortement condensé. Voici comment s'opère ce mouvement de traction : chaque fibre longitudinale du tube agit, en se développant, sur chaque section correspondante des rouleaux, comme le ferait une corde sur une poulie ; il y a emploi total de la détente de l'air, non pas sur l'axe, comme cela a lieu par la vapeur sur les pistons, mais sur la circonférence des cylindres de traction, de sorte que l'effet produit doit se mesurer, non par le chemin que parcourt le centre, mais par la ligne que tracerait un des points de la circonférence, c'est-à-dire la *cycloïde*; j'ai en effet reconnu cet accroissement de force par les expériences que j'ai faites jusqu'à ce jour; l'air agit pour ainsi dire comme un *coin*, par écartement; c'est là une des bonnes fortunes du système, qui se recommande d'ailleurs par une extrême simplicité et par l'absence complète de mécanisme.

Objections.— Je veux répondre de suite à deux objections qui se présentent tout d'abord; au premier aperçu du système on se demande : 1° si les diaphragmes résisteront longtemps à la friction des rouleaux; 2° s'il n'y aura pas dans les longs tubes propulseurs une perte progressive de la force par le frottement de l'air.

A l'égard des diaphragmes, on peut tenir pour certain qu'ils dureront plus longtemps que les cordes qu'on emploie sur les plans inclinés pour opérer la traction; qu'on considère en effet que ces bandes sont formées de dix ou douze épaisseurs de toiles réunies entre elles et collées par une dissolution de caoutchouc qui tend à les conserver; leur force, plusieurs fois essayée, a été reconnue capable de résister à une pression cinq ou six fois plus considérable que celle à laquelle elles seront ordinairement soumises. L'action du piston-laminoir est instantanée; d'ailleurs, ce n'est pas, à proprement parler, un frottement qui s'opère sur elles; c'est un roulement, un laminage; de sorte que ce travail tend plutôt à les affermir qu'à les user; du reste, sitôt que, par la friction, la première pellicule aura été mise à découvert, les hommes de service pourront la recouvrir d'une couche nouvelle de caoutchouc, et entretenir ainsi le tube dans un état continuel de conservation et de bon service; cependant il faudra inévitablement renouveler ces diaphragmes au bout d'un certain nombre d'années, car tout s'use; mais ce renouvellement ne sera ni coûteux ni difficile. Au reste, pour rassurer tout-à-fait sur ce point, je dois dire que dans le cours des expériences que j'ai faites à Paris depuis bientôt un an, sur un chemin d'essai de grandeur ordinaire, dans un jardin du passage Sandrié, j'ai examiné avec soin l'effet que produit l'action fréquente des rouleaux, et que je n'ai remarqué sur les diaphragmes aucune altération sensible; ils paraissent aussi intacts que le premier jour. J'estime que la durée des conduits propulseurs sera de huit à dix ans.

Quant au frottement de l'air dans nos tubes, il n'y a pas beaucoup non plus à s'en préoccuper. Sans doute on a déjà observé que ce frottement est considérable et s'accroît progressivement lorsque l'air circule dans un tube ouvert à l'extrémité opposée; cela doit être, parce qu'à sa sortie, l'air s'échappe avec une vitesse d'au moins 400 mètres à la seconde, sous la pression d'une atmosphère; mais il n'en est pas ainsi dans le cas qui nous occupe : notre tube fermé par le piston-laminoir n'est plus, lorsqu'il travaille, qu'un récipient qui va sans cesse s'agrandissant à mesure que l'air s'y introduit; et la vitesse du fluide devant y être tout au plus de 20 mètres par seconde, le frottement observé dans le premier cas y sera très-peu sensible; au reste, on verra que par les dispositions générales que j'ai adoptées et dont je vais parler, le tube ne fonctionnera que par sections de 1,000 mètres au plus, et que, par conséquent, l'inconvénient en question, s'il existait, serait par là considérablement amoindri.

DISPOSITIONS GÉNÉRALES.

Pour rendre plus facile l'intelligence des dispositions que j'ai adoptées relativement à l'installation générale du système, je supposerai qu'il s'agit de l'établir sur une ligne de 16 kilomètres.

Outre le tube *propulseur* que je viens de décrire, et qui occupe, comme je l'ai dit, l'axe de la voie, supposez à côté de cette voie un autre tube tout métallique, hermétiquement fermé; ce sera le récipient d'air, ou le *tube-réservoir;* il sera enterré comme les tuyaux à gaz, mais seulement à fleur de terre, pour être au besoin plus aisément réparé. Remarquez en outre qu'une seule machine fixe, placée à un point quelconque de la ligne, et agissant sur des pompes foulantes, comprimera continuellement de l'air dans ce tube et le tiendra toujours alimenté à deux ou trois atmosphères de pression, ce qui sera assez. Ce tube est la pièce capitale des chemins éoliques.

C'est ici le moment de faire remarquer que la machine fixe, suffisante à la rigueur pour toute la ligne, sera mise en mouvement par toute espèce de force dont on disposera : forces hydrauliques, moulins à vent montés sur manèges, force musculaire des animaux, et enfin, machines à vapeur : cette dernière puissance devant être préférée dans toutes les localités où l'on trouvera de la houille, et tant qu'on pourra se la procurer à bon marché.

Nous voici donc en possession d'un système qui n'est pas, comme le sont tous les autres, l'esclave de la vapeur; et qui pourra, quoi qu'il arrive, puiser son alimentation dans la source intarissable des forces de la nature; avantage qui n'appartient, qu'on le remarque bien, qu'à l'air comprimé, en raison de sa faculté de pouvoir être emmagasiné; ce qui ne peut avoir lieu, ni pour la vapeur qui se condense aussitôt qu'elle cesse d'agir, ni par l'air raréfié, ou le vide, qui, pour être contenu, exigerait de trop vastes espaces.

Revenons aux dispositions générales de l'installation.

Nous avons donc deux tubes parallèles : le tube *propulseur* et le tube *réservoir* constamment à proximité l'un de l'autre, et communiquant entre eux, de kilomètre en kilomètre, au moyen d'un jeu de tiroirs ou de robinets à double effet pour opérer l'aller et le retour. La première voiture en passant, ou plutôt les hommes de service apostés à chaque section de 1,000 mètres, ouvriront et fermeront les robinets à propos; de sorte que les convois passeront, sans s'arrêter, d'un tube sur l'autre, et parcourront ainsi d'un seul trait les plus longs trajets (1).

Les robinets ou tiroirs étant à double effet, c'est-à-dire permettant à l'air d'entrer ou de sortir, il suffira de les ouvrir dans le sens contraire pour que le convoi marche en arrière : ainsi, les chemins à petits parcours pourront être construits à simple voie.

Je ne puis ici indiquer que d'une manière sommaire les dispositions générales de l'installation du nouveau procédé; par exemple, si on veut obtenir des vitesses égales dans des pentes différentes, sans changer la pression de l'air, il suffira de faire plus ou moins large le tube propulseur. C'est je crois une richesse du système de pouvoir faire varier ainsi la puissance du tube suivant les inflexions du terrain.

On aura encore la faculté d'user de la détente variable de l'air; pour cela il faut considérer chaque section du tube propulseur

---

(1) Je dois faire remarquer que l'idée d'un tube-réservoir qui transporte la force le long du chemin a été émise par moi pour la première fois en 1841 (3e édition de la brochure que j'ai publiée sur l'air comprimé employé comme force motrice). Depuis cette époque, un M. Taurinus, de Cologne, a développé cette proposition, et en a fait l'objet d'un travail spécial dont il a été rendu compte à notre Académie des Sciences dans sa séance du 18 novembre 1844. Cette note peut intéresser quelques personnes qui, dans ces derniers temps, ayant eu la même idée, ont pris, à l'occasion de ce tube-réservoir longitudinal, qui est dans le domaine public, des brevets sans valeur.

(1,000 mètres) comme étant un long cylindre moteur; on arrêtera l'introduction de l'air lorsque le convoi sera à la moitié, au tiers, au quart, etc., du tube ; de sorte qu'on pourra ainsi arriver à obtenir la détente totale du fluide propulseur. C'est une manœuvre qui sera aisément comprise et exécutée par les hommes de service.

Quant au passage à niveau on les franchira, soit en interrompant le tube, soit en faisant usage de petits ponts-levis qu'on tiendra habituellement levés. Les croisements et changements de voies auront toujours lieu par l'interruption du tube ; sur ces points-là, il y aura des robinets de communications et les convois franchiront les intervalles de quelques mètres par la vitesse acquise.

Enfin le nouveau mode de locomotion permettra d'apporter, dans l'exploitation des lignes, des modifications radicales qui se résument en deux mots : *Convois très-légers ; départs très-fréquents.*

AVANTAGES DIVERS DU SYSTÈME.

Absence complète de danger. — Le premier wagon qui guide les autres ne saurait, quoi qu'il arrive, quitter la voie, car le piston remorqueur qui est fixé à sa partie antérieure le tient en quelque sorte attaché au tube propulseur, et ne lui permet de dévier ni à droite ni à gauche; les déraillements sont donc tout-à-fait impossibles. Il en est de même des rencontres de convois : en admettant que, par erreur, on en fasse partir deux sur la même ligne, en sens opposé, lorsqu'ils seraient arrivés sur la même section, ils s'arrêteraient, attendu que le tube ne peut fonctionner qu'à la condition qu'il sera ouvert par l'extrémité vers laquelle on marche. Il y a également impossibilité que deux convois marchent dans le même sens et que par conséquent le second se jette sur le premier.

Cette complète sécurité, jointe à l'absence du feu, de la fumée et de la poussière brûlante des remorqueurs actuels, est assurément le plus grand mérite du procédé de locomotion dont nous nous occupons.

Ascension des côtes. — Les locomotives à feu ne peuvent fonctionner que sur les lignes à faibles pentes, par la raison qu'elles ne marchent que par l'adhérence des roues motrices sur les rails; il n'en est pas de même de nos convois; le piston remorqueur opère une traction directe comme le ferait une corde qui tirerait le premier wagon; on comprend aisément que, dans ce cas, les côtes les plus raides pourront être montées, à la condition bien entendu d'augmenter la force de traction ou de diminuer la charge à transporter.

Courbes à petits rayons. — Dans l'état actuel des choses sur les chemins de fer, les routes sont adhérentes aux essieux; il suit de là que la tendance des wagons est de suivre la ligne droite : lorsqu'une courbe se rencontre, les roues extérieures ayant à parcourir plus de chemin que les roues intérieures, il y a torsion et quelquefois rupture des essieux. Dans le présent système des chemins éoliques, on n'est point assujéti à cette fâcheuse nécessité des roues solidaires; elles peuvent tourner sur les essieux; de là la facilité de parcourir des courbes à petits rayons, ce qui, dans beaucoup de circonstances, permet de tracer des chemins de fer dans des localités où ils sont absolument impossibles aujourd'hui. — Toutefois, on pense qu'il faut autant que possible éviter les très-petites courbes, qui, dans tous les cas, ont de graves inconvénients; à moins qu'on n'emploie l'ingénieux système des wagons articulés de M. Arnoux.

Douceur de traction. — L'allure des lourdes locomotives, surtout lorsqu'elles commencent à être usées, imprime, par le jeu alternatif et violent des deux pistons, des secousses qui se communiquent de proche en proche à tout le convoi; si l'on joint à cela le mauvais état habituel de la ligne de fer qui est construite d'une manière irrationnelle, en ce sens qu'elle présente une succession de points rigides et de points flexibles, on aura les deux causes principales qui engendrent le mouvement de lacet si fatigant pour les voyageurs. Cet inconvénient doit disparaître sur nos lignes à air comprimé : d'abord parce que le piston remorqueur produit une traction continue et sans saccades; et, en second lieu, par la raison que la lourde locomotive étant supprimée, on pourra en revenir à l'idée élémentaire et toute rationnelle des rails à résistance uniforme, c'est-à-dire reposant sur longrines. Le vice de la voie actuelle est que le rail porte sur des traverses indépendantes les unes des autres, et qui jouent comme les touches d'un piano, ce qui oblige à les élever sans cesse et à grands frais. — Dans les chemins éoliques, les véhicules glissant sur des rails fixés à des châssis invariables, ne doivent pas produire plus de bruit ni de secousses que des traîneaux sur la *glace*. Tant qu'on ne sera pas arrivé à ce point, la locomotion sur les lignes de fer sera imparfaite.

Économie. — Ce n'est pas en groupant des chiffres naturellement élastiques, moyen assez facile d'avoir toujours raison, que je prétends démontrer les avantages économiques du système de traction proposé; mais je veux rendre ces avantages évidents par des considérations générales, tant sur les dépenses premières de construction que sur les frais journaliers d'exploitation.

D'abord disons que nous avons en dépense nouvelle le tube propulseur et le tube réservoir, plus une machine fixe destinée, de 4 lieues en 4 lieues, par exemple, à comprimer de l'air. Dans des conditions ordinaires, cette triple dépense peut être évaluée à soixante-dix mille francs environ par kilomètre; mais nous aurons sur le prix de la voie de fer, en raison de la suppression des lourdes locomotives qui permettra d'avoir des rails plus légers, une épargne d'au moins trente mille francs. Ensuite, comme nous pouvons franchir les côtes les plus raides (jusqu'à 2 et 3 centimètres par mètre), et marcher dans de faibles courbes, l'économie moyenne qui en résultera, en terrassements et travaux d'arts, dépassera assurément de beaucoup quarante mille francs par kilomètre. Voilà donc l'équilibre établi sur les dépenses premières; d'où résulte sur ce chapitre, l'économie totale du prix des locomotives et de leurs tenders.

A l'égard des frais journaliers, les avantages sont encore plus considérables et en quelque sorte plus évidents: d'abord comme il n'y a plus de remorqueurs ayant à se traîner eux-mêmes, il n'y a plus de poids inutile à transporter, c'est environ vingt tonnes de moins à chaque voyage; cela présente clairement de cinquante à soixante du cent d'économie en frais de traction sur tous les convois où le poids utile n'entre que pour quinze à vingt tonnes; et l'on ne peut pas nier que ce soit là le poids maximum à espérer en moyenne sur les lignes secondaires ou à faibles parcours; lignes que nous avons spécialement en vue d'exploiter quant à présent (1).

---

(1) Nous avons déjà dit que les grandes lignes, où se fait un trafic considérable en voyageurs et en marchandises, seront très-utilement desservies par les locomotives à vapeur tant qu'on pourra se procurer de la houille à un prix convenable. Nous ne proposons donc pas, quant à présent, l'é-

Maintenant, s'il s'agit de produire un certain travail, que l'on compare la dépense d'une machine fixe à vapeur occupée, sans discontinuité à comprimer de l'air, lequel devra être employé seulement par intermittences; que l'on compare, dis-je, cette dépense avec celle de plusieurs locomotives toujours en feu, pour un travail interrompu, on reconnaîtra qu'il y a encore sur ce point au moins cinquante du cent d'économie; car tout le monde sait qu'à travail égal, une locomotive brûlant du coke dépense deux ou trois fois plus qu'une machine fixe de même force brûlant toute espèce de houille. Nous négligeons les cas où notre machine fixe sera mise en mouvement par les forces gratuites des eaux et des vents; car ce sont là des avantages qui appartiennent plutôt à l'avenir qu'au temps présent.

Ainsi, par l'absence des remorqueurs à feu, nous aurons cinquante du cent d'épargne, et par l'emploi des machines fixes, à action continue, nous aurons, sur le reste de la dépense de traction, une autre épargne de vingt-cinq du cent, ce qui produit, en total, une économie d'environ soixante-quinze du cent en faveur de la locomotion par l'air comprimé.

En résumé, le système des chemins éoliques se recommande par les avantages suivants :

Absence complète de danger et sécurité parfaite pour les voyageurs dont le nombre par conséquent, augmentera de jour en jour, au grand avantage des compagnies.

Extrême douceur de traction qui permettra de parcourir les plus longs trajets sans fatigue et sans ennuis; et de vaquer, dans les wagons construits à cet effet, aux occupations habituelles de nos demeures.

---

tablissement des chemins éoliques pour faire concurrence aux grandes lignes actuelles; nous voulons au contraire leur venir en aide; d'abord en supprimant les services d'omnibus et de messageries de correspondance, et dans l'avenir, en suppléant à la houille épuisée. Nous voulons, en un mot, créer à côté de la *grosse* locomotion à vapeur, la locomotion *légère* par l'air comprimé.

Pouvoir de franchir les côtes et de contourner les collines, ce qui rendra aux voyages leur poésie perdue ; car aujourd'hui on va vite, voilà tout ; on traverse, sans les voir, de vastes contrées, entraîné qu'on est, sur un niveau fatal, à travers de maussades tranchées qui donnent le vertige, ou de dangereux tunnels.

Économie d'environ les trois quarts sur les frais de traction actuels. (Voir le devis approximatif à la page 23.)

Enfin, possibilité de s'affranchir un jour de la servitude de la houille, laquelle s'épuise sans se reproduire, et de trouver dans la puissance intarissable du vent et des eaux, le moyen d'assurer *toujours* et *partout* le vaste service des chemins de fer.

QUELQUES MOTS SUR LE SYSTÈME DIT ATMOSPHÉRIQUE.

J'aurais désiré ne pas parler des chemins *atmosphériques* dont le système a été exploité tout récemment en Irlande et en Angleterre avec des fortunes diverses, et qui vient d'être appliqué d'une manière si splendide sur une partie du chemin de fer de Saint-Germain; mais il y a entre ce procédé et celui des chemins éoliques, une certaine analogie qui me fait craindre qu'on ne les confonde, et des différences radicales qui m'obligent à prévenir toute assimilation.

L'un et l'autre système reposent sur le ressort de l'air; voilà tout ce qu'il y a de commun entre eux. Les chemins atmosphériques usent de l'air *raréfié* et marchent par *aspiration*; les chemins éoliques au contraire, font emploi de l'air *condensé* et fonctionnent par *insufflation*. Sans entrer dans les détails de leur construction que je suppose connue, je dirai seulement :

Que les chemins de fer atmosphériques coûtent fort cher;

Qu'en raison de leur soupape longitudinale, ils n'utilisent qu'un quart ou un cinquième de la puissance pneumatique qui raréfie l'air;

Qu'ils courent risque d'être inhabiles à aucun bon service sous l'action d'une vive chaleur, comme celle qui se manifeste dans toute l'Europe pendant plusieurs mois de l'année;

Qu'il leur faut de très-fortes machines fixes à de courts intervalles (3 ou 4 kilomètres au plus);

Qu'ils fonctionnent dans des limites de force très-restreintes (3 ou 4 dixièmes d'atmosphère), ce qui les oblige à employer des tubes d'un diamètre énorme;

Qu'enfin ils sont condamnés à l'emploi forcé des machines à vapeur, attendu qu'on ne peut pas faire accumulation ni réserve du vide (1);

Tandis que nos chemins à air comprimé peuvent se construire à bon marché;

Que le tube y est complètement hermétique et emploie la force presque totale du fluide moteur;

Qu'ils peuvent fonctionner en tout temps;

Que la force dont ils disposent n'a de limites que dans la résistance que pourront leur opposer les tubes propulseurs;

Qu'ils n'exigent l'emploi de machines fixes de forces médiocres qu'à de longues distances (de 16 à 20 kilom.);

Qu'enfin ils peuvent, au besoin, s'affranchir de l'esclavage de la houille, et utiliser les forces gratuites des eaux et des vents, en raison de la faculté qu'on a d'emmagasiner et de tenir en réserve l'air condensé, surtout si on se borne à le comprimer à deux ou trois atmosphères.

En résumé, si l'on compare sans préventions les deux systèmes dans leur *principe* et dans leur *organisme*, on reconnaîtra que pour produire une force de traction de 20 chevaux, par exemple, le procédé *atmosphérique* a besoin de disposer d'une machine à vapeur de 100 chevaux travaillant par intermittence, tandis que dans le même cas, le mode *éolique* n'a besoin que du travail continu d'une machine quelconque de 5 à 6 chevaux; c'est-à-dire que ce système l'emporte sur l'autre dans la proportion de un à vingt!

---

(1) Quelques ingénieurs théoriques ont récemment proposé d'établir des réservoirs de vide, soit en récipients isolés, soit en un tube longitudinal; mais cette proposition, dont l'initiative appartient à des Anglais, est inadmissible, attendu qu'on doublerait les dépenses de construction du chemin, et qu'on diminuerait de plus de moitié le pouvoir de traction atmosphérique, lequel est déjà trop faible.

CHEMIN ÉOLIQUE SUSPENDU, A L'USAGE DES VILLES.

Une des applications les plus fécondes qui, par la suite, pourront être faites du procédé de locomotion que je viens d'exposer, est qu'il permettra d'établir des chemins de fer à grande vitesse, aux abords et même dans l'intérieur des villes, sans nuire aux communications habituelles.

Le dessin ci-joint, planche II, exprime convenablement mon idée à ce sujet : au lieu du double rail étendu à terre, une poutre portée de distance en distance sur des poteaux, règne, à une certaine hauteur, sur toute l'étendue de la ligne à parcourir; un rail unique est posé sur la face supérieure de cette poutre. Le wagon, composé de deux compartiments, est une sorte de double palanquin suspendu. Comme le centre de gravité est au-dessous du rail supérieur, on comprend que la stabilité est parfaite et les accidents impossibles. Les deux faces latérales de la poutre-rail portent le tube propulseur; le tube réservoir est enterré au pied des poteaux.

Indépendamment des deux roues supérieures qui supportent chaque wagon, des galets horizontaux placés sous les palanquins s'opposent à ce qu'ils vacillent, et les maintiennent dans une direction parfaite. Ces palanquins sont munis de balustrades qui font disparaître l'étrangeté de la suspension.

Il est inutile de dire que dans l'intérieur ou à l'approche des villes, la hauteur des poteaux sera calculée de manière à laisser, en dessous des wagons-palanquins, un libre passage, soit pour les piétons, soit pour les voitures ordinaires.

Maintenant supposez qu'on établisse ce système de chemins suspendus à travers champs, à la place des chemins de fer ordinaires, pour ne point prendre de terrains à l'agriculture; on règlera la hauteur des poteaux de manière à ce que les palanquins effleurent le sol. Quant aux terrassements, ils deviendront extrêmement faciles, puisqu'ils pourront en grande partie être supprimés; il suffira, en effet, de donner aux poteaux plus ou moins de hauteur, pour racheter toutes les différences de niveau.

On voit aussi qu'il n'y aura plus ni ponts, ni viaducs, ni travaux d'arts considérables.

Je me borne à ces quelques aperçus sur l'importance des chemins éoliques suspendus; cette introduction des voies de fer à grande vitesse dans l'intérieur des villes et à leur approche, sans nuire à l'activité et à la sûreté de la circulation habituelle, est la solution très-facile d'un problème regardé jusqu'à ce jour comme inabordable; c'est à mon avis l'aspect le plus riche de la question que j'ai sommairement exposée dans le présent mémoire.

ANDRAUD.

Rue Mogador, n° 2.

DEVIS APPROXIMATIF

Des dépenses d'établissement en France d'un kilomètre de chemin éolique, comparées aux dépenses d'un kilomètre de chemin de fer ordinaire, dans des conditions égales de trafic.

(NOTA. On suppose le chemin à deux voies et les machines soufflantes établies de myriamètre en myriamètre.

CHEMINS ÉOLIQUES. (Pour 1 kilomètre.)		CHEMINS A LOCOMOTIVES. (Pour 1 kilomètre.)	
Études	1,000	Le kilomètre d'un chemin de fer tout terminé, à double voie, revient, d'après tous les documents fournis jusqu'à ce jour, au prix moyen de	360,000
Terrains et indemnités, un hectare et demi, à 10,000 fr.	15,000	Quote-part afférente aux locomotives et matériel en général	50,000
Deux voies de fer sur longrines.	36,000		
Ballast	8,000		
Clôture	3,000		
Quote-part des constructions et travaux d'art	12,000		
Quote-part des machines soufflantes	5,000		
Un char éolique par kilomètre	3,000		
Quote-part des frais généraux	2,000		
Tubes propulseurs (à double voie) à 45 fr. le mètre	90,000		
Tube réservoir tout posé	34,000		
Imprévu	11,000	Total pour un kilomètre de chemin à vapeur	410,000
Total pour un kilomètre de chemin éolique (1)	220,000	Ci	220,000
Économie en faveur des chemins éoliques (par kilomètre)			190,000

(1) S'il s'agissait de l'établissement de petites lignes de jonction ou d'embranchement, le prix de revient par kilomètre serait beaucoup moins élevé.

Imp. de NAPOLÉON CHAIX ET Cie

CHEMIN ÉOLIQUE, SUSPENDU

à l'usage des Villes.

Système Andraud.

Lith. de A. Appert, 34, Pass. du Caire

CHEMINS ÉOLIQUES

Locomotion par l'Air comprimé

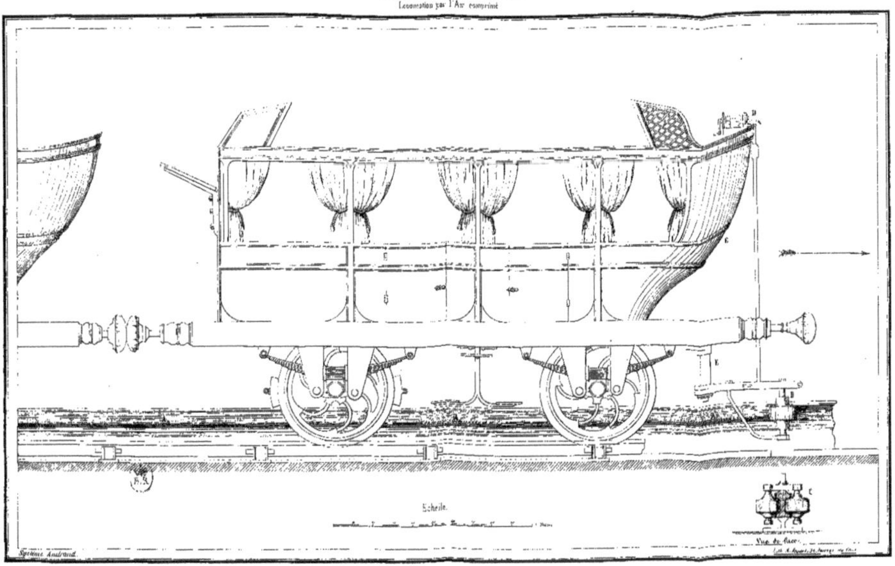

www.ingramcontent.com/pod-product-compliance
Ingram Content Group UK Ltd.
Pitfield, Milton Keynes, MK11 3LW, UK
UKHW020525230726
13925UKWH00005B/2232